不开明火
更安全！

不开火美食

字在童书　编绘

SPM
南方传媒
新世纪出版社

图书在版编目（CIP）数据

不开火美食 / 字在童书编绘 . — 广州 : 新世纪出
版社, 2024.5
ISBN 978-7-5583-4272-1

Ⅰ.①不… Ⅱ.①字… Ⅲ.①菜谱 Ⅳ.
①TS972.12

中国国家版本馆 CIP 数据核字（2024）第 071626 号

出 版 人：陈少波
项目策划：潘英丽
产品经理：乔姝媛
责任编辑：王　欣　李　丹
责任校对：耿　芸
特约编辑：李芳芳
责任技编：王　维

不开火美食
BU KAIHUO MEISHI
字在童书　编绘

出版发行：SBM 南方传媒 | 新世纪出版社（广州市越秀区大沙头四马路 12 号 2 号楼）
经　　销：全国新华书店
印　　刷：北京世纪恒宇印刷有限公司
开　　本：700 mm×980 mm　1/16
印　　张：7.25
字　　数：82 千
版　　次：2024 年 5 月第 1 版
印　　次：2024 年 5 月第 1 次印刷
定　　价：49.00 元

目录

带 📷 图案的菜
有实拍图哟！

计量说明

本书使用不同的勺子标注调料用量，在实际操作中可以根据自己的口味酌情增减。

❶ 吃饭用的钢勺，容量约为15毫升。

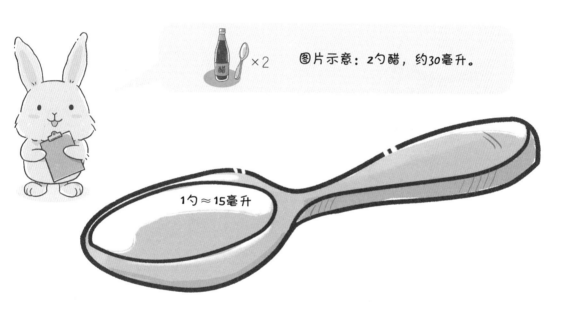

×2　图片示意：2勺醋，约30毫升。

1勺≈15毫升

❷ 调料小勺，约盛1克调料。

×1　图片示意：1小勺盐，约1克。

1勺≈1克

熊小厨小白课堂

1 即便不用燃气烹饪美食，也要注意厨房中的安全隐患。

比起开明火，我更喜欢用电器做饭。

2 不要用湿手触碰电器，尤其是电源。厨房电器和电源开关应远离水源，避免沾水触电。

干爽的爪子！

3 用完水后，随时关闭水龙头，使用完电器也要及时关闭电源。

节约能源，杜绝安全隐患！

4 瓜果蔬菜在食用或者加工前，要清洗干净上面的农药残留。

⑤ 注意食材、调料的新鲜程度和保质期限，不要吃变质食物。

好新鲜！

⑥ 准备两块案板，分开处理可直接入口的食物和需要加工做熟才能吃的食材。

生熟分开更卫生！

⑦ 接触食物之前要先洗手，用手抓拌食物时戴上食品级一次性手套更卫生。

一次性手套

⑧ 拿取高温食物或物品时，要使用隔热手套，以免被烫伤。

隔热手套

⑨ 选择适合自己的刀具，刀具不用时要稳妥放置，不能拿着刀随意走动。

稳妥放置刀具。

⑩ 食用油、糖、面粉等物品是易燃物，要密封储存，远离火源。

密封罐 密封瓶

3

厨房电器小贴士

电器的容量和功率不同，使用方法和烹饪时间也不一样，操作电器前，要仔细阅读说明书哟！

如果对电器不熟悉，可以尝试短时、多次加热，注意观察食物状态，以免食物被烧焦。

电饭煲

参考功率：600W
参考容量：3L

1. 可使用配套量杯添加食材。

2. 需根据电饭煲内胆刻度适量加水，以免干锅或溢出。

3. 电饭煲的烹饪形式非常丰富，每种对应的程序和时间都可以参考说明书。

4. 要确保电饭煲内胆外壁干爽，无遗留的水，才可以将其放回电饭煲。

5. 电饭煲工作时，要保持排气阀畅通，不能遮挡排气阀，也不能用手触碰排气阀。

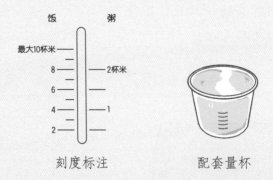

刻度标注   配套量杯

微波炉

参考功率：700W

1. 需使用微波炉专用容器加热，金属、搪瓷等材质的物品不能放入微波炉。

2. 带壳或密封的食物，如没打散的鸡蛋、瓶装饮料等，都不能用微波炉加热。

3. 加热时给容器加盖，可以保留水分，防止液体飞溅，但要打开盖子上的排气孔，或在扣盖时留出空隙，方便气体流通。

4. 要避免微波炉空转，以防存在安全隐患。

5. 微波炉内温度较高，使用时请按照操作步骤进行，同时遵守注意事项。

烤箱和空气炸锅

烤箱
参考功率：1650W
参考容量：20L

空气炸锅
参考功率：1400W
参考容量：8L

1. 要选择耐高温的容器进行加热。

2. 可提前在容器中铺垫锡纸或硅油纸，以防食物粘连。

3. 通常在烤制前需要将机器进行空转预热，具体预热方法和时间可参考使用说明书。

4. 在烤制过程中，要注意观察食物状态，及时停止烤制，以免烤糊。

5. 机器停止运作后一段时间内温度依旧很高，触碰前需戴好隔热手套。

中国居民膳食指南

食物种类		成年人每人每日食物推荐摄入量
盐		不超过5克
油		25～30克
奶及奶制品		300～500克
大豆及坚果类		25～35克
动物性食物	蛋类	一个鸡蛋
	水产品	每周至少2次
	其他	70～150克
蔬菜类		300～500克
水果类		200～350克
谷类	全谷物和杂豆	50～150克
	其他	不少于150克
薯类		50～100克
水		1500～1700毫升

＊参考营养学会《中国居民平衡膳食宝塔（2022）》。

中国学龄儿童膳食指南

食物种类	儿童每人每日食物推荐摄入量	
	6~10岁	11~13岁
盐	不超过4克	不超过5克
油	20~25克	25~30克
奶及奶制品	300克	300克
大豆	15克	15克
坚果	7克	7~10克
畜禽肉	40克	50克
水产品	40克	50克
蛋类	25~40克	40~50克
蔬菜类	300克	400~450克
水果类	150~200克	200~300克
谷类 全谷物和杂豆	30~70克	30~70克
谷类 其他	120~130克	不少于180克
薯类	25~50克	25~50克
水	800~1000毫升	1100~1300毫升

* 参考营养学会《中国学龄儿童膳食指南（2022）》。

"膳食指南"是健康饮食的指导方案，我们根据它制订饮食计划时，要注意以下几点：

1. 结合自身情况，确定所需食物

建议参考"膳食宝塔"推荐的摄入量，再根据自己的实际情况进行调整。年龄、身高、性别、过敏原、体力消耗等都是制订饮食计划需要考虑的因素。

2. 确保膳食多样性

通过互换同类食材、丰富烹调形式等，可以让饮食健康又美味。例如：今天的早餐有牛奶和煮鸡蛋，明天就可以改为酸奶和炒鸡蛋。

3. 合理分配三餐的食物摄入量

一般情况下，我们可以按早餐30%、午餐40%、晚餐30%的比例分配每天的食物摄入量，这样一来不仅营养均衡，还能让我们全天都充满活力。

4. 养成良好的饮食习惯

只有养成良好的饮食习惯，不挑食、不偏食、不暴饮暴食，才会拥有健康的体魄。

葡萄刺猬

食材准备

香梨1个，葡萄1串。

操作步骤

1 把梨洗净后削皮，切掉一小块，作为刺猬的身体。

椭圆形的梨会让刺猬更可爱。

2 在每一颗洗净的葡萄上插一根牙签。

3 用牙签把葡萄固定在梨上，组成刺猬的尖刺。

4 挑一颗小点的葡萄做刺猬的鼻子，用颜色深一些的葡萄梗做它的眼睛。

可爱的葡萄刺猬你要不要吃？

要！要！要！

9

香蕉金鱼

食材准备

香蕉1根，草莓2个。

> 酸酸甜甜的水果最好吃了！

> 那我也吃一点吧。

操作步骤

1 把剥了皮的香蕉切成圆片，摆成金鱼的身体。

> 我切！

2 把洗净的草莓切片，组成金鱼的尾巴。

> 我再切！

3 用两个圆形的草莓片做金鱼的眼睛。

熊小厨课堂

水果含有丰富的矿物质、维生素和膳食纤维。经常吃水果可以让我们营养更均衡，增强抵抗力，远离疾病。

4 草莓叶子不要扔，可以用来做装饰哟。

10

红枣梨汤

食材准备

雪梨1个，大枣5颗，山药50克，饮用水600毫升。

戴着手套削山药，皮肤就不会痒了。

操作步骤

1 将雪梨切块、去核，山药削皮、切块。

2 把红枣对半切开，去掉枣核。

这些水果本身就很香甜，所以不用额外加糖。

太棒了！水果还可以做成饮品！

3 把准备好的材料放进煮茶器，加入适量饮用水，小火煮30分钟就可以啦。

熊小厨课堂

雪梨具有止咳润肺的功效，咳嗽的时候喝红枣梨汤会让人感觉舒服一些，非常适合在干燥的秋天饮用。

苹果热橙汁

食材准备

橙子2个，苹果半个，冰糖10克，饮用水600毫升。

操作步骤

1 把橙子从中间切开，用勺子挖出完整的果肉。

2 将橙子掰成小瓣，再撕掉果肉上白丝状的橙络，以免橙子煮熟后带有苦味。

3 将橙子瓣、冰糖和饮用水放入煮茶器，煮到冰糖化开、橙汁咕嘟嘟冒泡。

4 把洗净的苹果切成丁，放入橙汁中，继续煮，等到苹果皮变粉就可以了。

熊小厨，我带了水果，咱们来喝下午茶吧！

我切！

变粉啦！

乾隆白菜

食材准备

1 棵小一点的白菜。

蜂蜜 ×1　醋 ×2　生抽 ×1

麻酱 ×2　糖 ×2　盐 ×1

操作步骤

1 将除蜂蜜以外的调料倒入碗中，搅拌均匀。如果麻酱太稠，就加适量饮用水继续搅拌，一直搅拌到酱料可以流动为止。

2 把蜂蜜和酱料搅匀，如果不喜欢吃甜食，就跳过这一步。

3 把洗完的白菜控水，用洗净的小手把白菜叶撕成小块。

> 白菜帮子可以留着下顿再吃。

熊小厨课堂

相传乾隆皇帝微服出巡时，曾在民间吃过一道口味俱佳的凉拌白菜，回宫后念念不忘。后来人们便把这道菜称为"乾隆白菜"。

> 不管皇帝爱不爱吃，反正这道菜清凉爽口，我很喜欢。

4 把酱料放到白菜叶里轻轻搅拌，确保每一片白菜叶都被美味的酱汁包裹，就做好啦。

小葱拌豆腐

北豆腐1块，小葱2根。

香油 ×1   盐 ×1   味精 ×1

操作步骤

1 将豆腐放到盆里，把它捏碎。

戴上手套，就不会掉毛了。

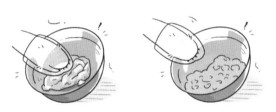

2 将小葱切成葱花，撒在豆腐上面。

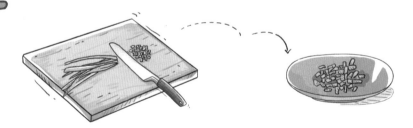

3 在豆腐上加入准备好的调料，搅拌均匀就可以吃啦。

香油   盐   味精

 # 凉拌黄瓜

食材准备

黄瓜1根，大蒜1瓣。

盐 ×1

醋 ×1　生抽 ×1　香油 ×0.5

操作步骤

1 用刀背把黄瓜拍碎，切成大块。

2 将剥好的蒜加适量盐捣碎。

放上一点盐，蒜就不会到处跑啦。

3 将剩余的调料和蒜末一起搅拌均匀。

熊小厨课堂

细菌快走开！

4 把调好的料汁淋在黄瓜上并拌匀，就大功告成了。

大蒜虽然辛辣，但可以杀菌、抑菌，有抗菌、消炎的功效。

凉拌萝卜丝

食材准备

青萝卜1根，香菜1棵，葱白1段。

香油 ×2　醋 ×1　生抽 ×1

盐 ×1　糖 ×1

操作步骤

1 将青萝卜削皮、切片。

削萝卜皮时削深一些，可以去掉萝卜里的纤维，提升口感。

2 将萝卜片切成3毫米粗细的丝。

3毫米

3 把香菜和葱白切碎，和萝卜丝放到一起。

4 先倒入香油把菜拌开，再加入其他调料拌匀，就完成啦。

醋　生抽　盐　糖

香油

香油可以锁住蔬菜里面的水分，这样萝卜丝就不会出水了。

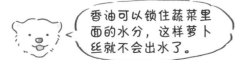

熊小厨课堂

我们也可以用擦丝器把萝卜擦成丝，但是要当心不要伤到手。萝卜头太小，不好拿的时候，我们可以在上面插一根筷子再接着擦。

圆白菜沙拉

食材准备

圆白菜半棵，胡萝卜1根。

沙拉酱 ×2

操作步骤

1 提前准备一盆冰水。

也可以用常温饮用水代替。

2 把洗净的圆白菜和胡萝卜切成丝。

3 将切好的蔬菜丝放入冰水中，浸泡5分钟，这样蔬菜的口感更爽脆。

4 捞出蔬菜丝，控水后备用。

5 在蔬菜丝上挤一些沙拉酱，搅拌均匀就完成啦。

这道菜冰凉爽口，非常适合夏天食用。

即食三明治

食材准备

吐司面包3片，生菜2片，
西红柿半个，即食火腿1根。

 ×1 ×1

操作步骤

1 把番茄酱和沙拉酱均匀地抹在吐司面包上。

> 这样蹭蹭就抹匀啦。

2 把西红柿和火腿切成片，与生菜一起放在吐司面包上。

> 喜欢吃肉的，就像我一样切厚一点哟。

3 将准备好的食材和吐司面包片按你喜欢的方式组合起来。

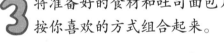

4 把做好的三明治沿对角线切成两半，这样吃起来更方便。

> 三明治是最简单的早餐啦，你可以把想吃的东西都夹到里面。

厚蛋三明治

食材准备

鸡蛋2个，吐司面包2片。

牛奶 ×5 盐 ×1

操作步骤

1 把鸡蛋打入碗中。

2 在鸡蛋中加入适量牛奶和盐，搅拌均匀。

3 将拌匀的鸡蛋液放进微波炉，用"高火"加热1分钟。

4 加热后的蛋液如果还会流动，就再复热30秒~1分钟。

鸡蛋和牛奶的品质不同，蛋液的凝固时间也会有所差别哟。

5 用吐司面包把厚蛋夹住，三明治就做好了。

喜欢吃什么就放什么！

煮馄饨

生馄饨1碗，香菜1棵，葱白1段，紫菜1片，虾米1把。

生抽 ×0.5　醋 ×1　香油 ×1
盐 ×1　胡椒 ×1

1 将所需调料放进碗里拌匀。

2 把虾米和撕碎的紫菜放入调料碗，再放入生馄饨。

3 倒入饮用水，使水没过馄饨，放入微波炉，用"高火"加热5分钟。

4 拿出馄饨，加入切碎的香菜和葱花，搅拌均匀就可以吃啦。

如果要加热的是冷冻馄饨，需要用温水代替饮用水哟。

紫菜包饭

米饭1碗，即食火腿1根，
胡萝卜1根，黄瓜1根，紫菜1大片。

盐 ×1

香油 ×1

操作步骤

1 把胡萝卜、黄瓜和火腿切成条。

熊小厨，早上焖的米饭没有吃完怎么办？

2 将所有调料倒入米饭中，翻拌均匀。

3 把米饭平铺在紫菜上，在四周留出空隙，以免卷的时候米饭被挤出来。

4 将准备好的食材放在米饭上，就可以开卷啦。卷得紧一些，吃的时候才不会掉出来。

卷完之后把紫菜卷切成小块，吃起来就会非常方便。

成功！

21

牛奶吐司

食材准备

吐司面包2片，鸡蛋1个，
牛奶200毫升。

 ×1小把

操作步骤

1 把鸡蛋打到碗里，倒入200毫升
牛奶。

2 将牛奶、鸡蛋搅拌均匀。

就像平时搅鸡蛋一样。

3 把面包撕成小块，放进容器内。

4 将牛奶蛋液倒入容器中，让
每一块面包都吸饱液体。

5 将坚果倒入容器中，盖上盖子，放进微波炉内用"高火"加热4分钟。

6 如果没有流动的液体了，就说明牛奶吐司做好了；反之就再加热1~2分钟。

我对坚果过敏，这个给你吃吧。

代替

下次你用香蕉代替坚果就可以啦，味道还会更甜呢！

熊小厨课堂

　　我们常吃的花生、核桃、杏仁等都是坚果。坚果里面的蛋白质、油脂、矿物质和维生素含量非常高，对身体发育、增强体质都很有帮助。

　　不过对坚果过敏的朋友，一定要注意，避免误食哟。

23

土豆胡萝卜芝士饼

土豆1个，胡萝卜1根，
小葱1根，鸡蛋1个，芝士片4片。

淀粉 ×2　　面粉 ×2

芝士片

盐 ×1　　胡椒 ×1

1 将土豆和胡萝卜切成丝放入碗中，盖上盖子放入微波炉，用"高火"加热8分钟。

第 **1** 次加热

2 将小葱切成葱花，放到加热好的蔬菜丝上，再打入鸡蛋。然后加入除芝士以外的所有材料，搅拌均匀。

面粉　淀粉　盐　胡椒

3 在盘子上刷一层薄油，把搅拌好的菜平铺在上面，在菜上面再刷一层油，然后放入微波炉，用"高火"加热9分钟。

第2次加热

4 把芝士片铺到上面，放入微波炉，用"高火"加热1分钟。

第3次加热

5 香味四溢的土豆胡萝卜芝士饼就做好啦，切成块更方便分享哟。

碳水化合物、维生素、脂肪和蛋白质等全都有，营养够啦！

焖米饭

食材准备

大米2量杯。

我们也可以用浸泡过的粗粮制作杂粮饭，只要记住粮食和水的比例是1:1.2就可以了。

操作步骤

1 将大米淘洗干净放入电饭煲内胆。

① 加入清水，使水没过大米。

② 用手轻轻地在水中搅一搅。

③ 把水倒掉后，重复1~2次前面的步骤，把米洗净。

2 按照内胆刻度，在洗净的大米中加入适量清水。

两杯米对应的水量，就是内胆刻度2的位置。

3 将内胆放回电饭煲，按下"煮饭"键就可以等待开饭啦。

米饭煮熟后焖15分钟再吃，口感会更好。

南瓜小米粥

食材准备

小米100克，小南瓜半个，枸杞1小把。

焖饭和煮粥的刻度线是不一样的哟。

操作步骤

1 在洗净的小米中加入清水，浸泡20分钟。将洗净的南瓜切成小块。

2 将准备好的食材全部放进电饭煲内胆，加入清水。

熊小厨课堂

小米是一种非常古老的粮食作物，不仅可以作为日常食物，还能用来制糖和酿酒。

像小米这样的粗粮，膳食纤维含量很高，适当食用可以让我们的营养更均衡。

3 选择电饭煲的"煮粥"模式，时间一到，就可以喝到软糯香甜的南瓜小米粥啦。

赤小豆薏米粥

赤小豆 80 克，薏米 60 克，
糯米 60 克，大枣 1 小把。

 ×10 克

操作步骤

1 将所有杂粮淘洗干净，用温水浸泡4小时。把红枣对半切开，去掉枣核。

2 将准备好的食材和冰糖都倒入电饭煲内胆，加入清水。

熊小厨课堂

糯米又叫
江米，颜色比
大米略白，颗粒更加饱满。
用糯米制作的食物软糯，
可以提高粥的黏稠度。如
果家里没有糯米，也可以
用大米替代。

3 把内胆放回电饭煲，选择"煮粥"模式，就可以啦。

28

蒸红薯

红薯2个。

南瓜、玉米、馒头等食物都可以用这种方式蒸熟哟。

操作步骤

1 用清水将红薯冲洗干净。

2 将红薯放入电饭煲配套的蒸屉里。如果红薯太大，可以切成块。

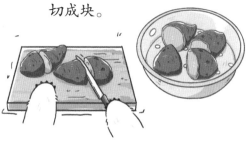

3 在电饭煲内胆里加入适量清水，把蒸屉放入电饭煲里，然后盖上盖子，选择"蒸煮"模式。

如果没有"蒸煮"模式，选择"煮饭"模式也可以。

4 红薯品种、大小不同，蒸熟的时间也不一样，红薯要蒸到能用筷子可以轻松穿透才可以。

香菇鸡肉粥

▼ **食材准备**

大米150克，鸡胸肉1小块，姜1片，胡萝卜半根，香菇3个，小葱1根。

蚝油 ×0.5　淀粉 ×1

料酒 ×1　盐 ×2　胡椒 ×1

▼ **操作步骤**

1 将鸡胸肉切成鸡丁，姜片切成丝。

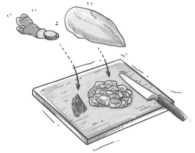

2 把姜丝和所有调料都加到鸡丁中，搅拌均匀。

搅拌！

3 把胡萝卜切成丁，香菇切成片。

4 将所有准备好的材料和洗净的大米一起放入电饭煲内胆，加入适量的清水。

水量要根据电饭煲"煮粥"模式的要求添加哟。

5 选择电饭煲的"煮粥"模式就可以静候美味啦。香菇鸡肉粥煮熟后撒上葱花，再盖上盖子焖一下口感会更好。

熊小厨课堂

想要提升粥的口感，可以将大米提前浸泡2~3小时。

用鸡腿肉代替鸡胸肉，也会让粥的味道更鲜美，不过要把鸡腿肉的骨头剔掉哟。

①把剪子从鸡腿肉最厚的地方戳进去。

②沿着骨头将肉剪开。

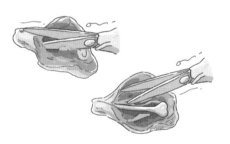

③剪到能看清全部骨头的程度，再贴着骨头的四周把肉都剪下来。

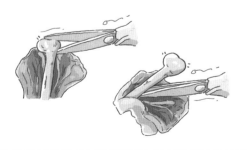

西红柿焖饭

大米2量杯,玉米粒和青豆各1小把,
腊肠2根,胡萝卜半根,土豆1个,
西红柿1个。

×1　×1

×1　×1

操作步骤

1 将洗净的胡萝卜、土豆和腊肠切成小块，块越小越好熟。

2 将大米淘洗干净，放入电饭煲内胆，加入所需调料和适量清水，搅拌均匀。

水量可以比
标准水位高
一点。

3 将西红柿洗净并去皮，然后把西红柿和其他食材一起铺在大米上。

4 将内胆放回电饭煲，选择"煮饭"模式。

5 煮熟后，用饭铲戳碎西红柿，把饭拌匀就可以吃啦。

一锅里面什么
都有，熊小厨
你太厉害了！

窝蛋肥牛饭

鸡蛋1个，肥牛卷200克，
大米2量杯。

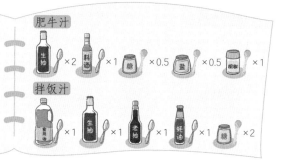

肥牛汁
生抽 ×2　料酒 ×1　糖 ×0.5　盐 ×0.5　胡椒 ×1

拌饭汁
食用油 ×1　生抽 ×1　老抽 ×1　蚝油 ×1　糖 ×2

操作步骤

1 将大米淘洗干净，按照焖饭的方法进行焖煮。

2 洗净肥牛卷，把肥牛汁的所需调料淋在肥牛卷上，并搅拌均匀，腌制15分钟。

3 在煮饭程序结束前15分钟打开锅盖，将牛肉铺在米饭上，盖上盖子继续焖煮。

15min

4 把拌饭汁的所需调料放入碗中，加入3勺饮用水，拌匀。

5 煮饭程序结束前5分钟再次打开锅盖，把鸡蛋打在肥牛中间，淋上调好的拌饭汁，盖上盖子继续焖煮。

5min

6 煮饭程序结束，把饭盛出来拌匀，就可以品尝美味啦。

豆角焖面

豆角半斤，切面半斤，猪肉1小块，葱1小段，大蒜4瓣，姜2片。

腌肉调料 生抽 ×1　料酒 ×1

焖面调料 食用油 ×2　生抽 ×3　老抽 ×1　蚝油 ×2　料酒 ×1　盐 ×1

操作步骤

去掉豆角的筋膜。

①区分豆角的内侧和外侧。

内侧
外侧

②将一头朝内侧掰折。

③拽住掰折的部分，把筋膜顺势撕下来。

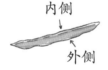
将豆角掰成一段一段的。

用刀切也可以哟。

将猪肉切成片，用腌肉调料腌制10分钟。

4 将蒜拍碎，葱切成葱花，姜切碎，然后把葱、姜、蒜和猪肉片一起放入电饭煲内胆。

5 把豆角和焖面调料放进内胆，然后加入清水，使水没过食材。

老抽　蚝油　盐　生抽　料酒　食用油

6 选择"煮饭"模式，焖煮30分钟后开盖，盛出一小碗汤备用。

30min

煮饭

7 将切面铺在豆角上，然后把盛出的汤倒在面上，盖上盖子继续焖煮8分钟。

煮饭

8min

8 把焖熟的面条和豆角拌匀，就可以盛出来端上桌啦。

熊小厨课堂

生豆角有一定的毒性，所以烹饪时一定要根据电器说明书操作，确保食物都煮熟之后再享用哟。

绿豆汤

食材准备

绿豆 100 克，冰糖 10 克。

操作步骤

1 用温水浸泡绿豆2小时。

2 将泡好的绿豆用清水洗净。

3 把洗净的绿豆放入电饭煲内胆，按刻度标准加入饮用水，选择"煮粥"模式。

4 在煮粥程序结束前10分钟，打开锅盖加入冰糖，拌匀，盖上盖子继续煮。

10min

5 绿豆汤煮好后放凉，就可以喝啦。

素高汤

食材准备

娃娃菜2棵，胡萝卜1小根，
白萝卜半根，玉米1根，香菇5颗。

盐 ×2

操作步骤

1 把胡萝卜和白萝卜洗净后去皮，
切成小块。

2 娃娃菜和玉米洗净后切成段，
香菇切成片。

3 将所有蔬菜放入电饭煲内胆中，
加入清水至最高水位。

4 选择电饭煲的"煲汤"模式。

"煮粥"模式也可以。

5 在煮好的汤中加2勺盐，搅拌
均匀就可以吃啦。

你喜欢的蔬菜都可以加到汤里哟。

要是能加点肉就更好了！

鸡汤

半只鸡，香菇3个，姜2片，
白玉菇1小把，红枣5个。

盐 ×2

操作步骤

1 将鸡切成块，把洗净的香菇每个切成4块。

也可以换成
1~2个鸡腿。

2 把鸡块、香菇和姜放入电饭煲，加入足量的饮用水，选择"煲汤"或"煮粥"模式。

水量不超过最高
水位就可以。

3 在程序结束前15分钟，把其余食材和盐加入鸡汤，搅拌均匀。

15min

4 程序结束，就可以品尝香喷喷的鸡汤啦。

啊，太香了！

玉米排骨汤

排骨1斤，胡萝卜1根，玉米1根，
小葱1根，姜3片。

 ×1

 ×1

操作步骤

1 将排骨洗净，用开水浸泡2分钟后捞出控干。

2 在电饭煲内胆中刷一层油，把排骨均匀地摆在里面。

3 将胡萝卜和玉米切成块。

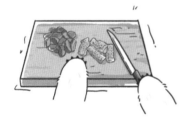

4 把胡萝卜、玉米和姜片放入内胆，倒入清水，水位不超过最高刻度。

5 将内胆放回电饭煲，选择"煲汤"模式煮60分钟。

喜欢排骨软烂的，可以再多煮一会儿。

60min

6 撒上葱花和盐，盛出来就可以食用啦。

菌菇豆腐汤

食材准备

香菇 3 个，白玉菇 50 克，鸡蛋 1 个，
蟹味菇 50 克，西红柿 2 个，葱半根，
豆腐 1 块。

操作步骤

1 把香菇切成片，其他菌菇切成大小适中的段。

2 将菌菇放进碗里，加开水，使水没过菌菇，盖上盖子，放入微波炉，用"高火"加热1分钟后取出，把菌菇捞出备用。

小心烫手哟。

第 **1** 次加热

3 把葱切成葱花和葱段，葱花备用，葱段放入汤碗中，倒入食用油，将汤碗放入微波炉中，用"高火"加热1分钟。

第 **2** 次加热

4 将西红柿洗净并去皮，切成小块。

5 将切好的西红柿和蚝油、生抽倒入加热好的汤碗中，搅拌均匀后盖上盖子，在微波炉里用"高火"加热3分钟。

第**3**次加热

6 将切成块的豆腐和菌菇一起放入汤碗中，加入足量的开水后盖上盖子，在微波炉里用"高火"加热3分钟。

第**4**次加热

7 将鸡蛋打散，倒进加热好的菌菇汤中，搅拌几下，用热汤焖熟蛋液。

8 加入盐和葱花调味，暖暖的菌菇汤就做好啦。

熊小厨课堂

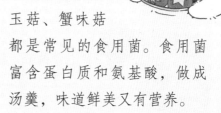

香菇、白玉菇、蟹味菇都是常见的食用菌。食用菌富含蛋白质和氨基酸，做成汤羹，味道鲜美又有营养。

烤时蔬

食材准备

菜花半棵，玉米1根，黄瓜1根，彩椒2个。

橄榄油 ×2　生抽 ×1　孜然粉 ×1

操作步骤

1 将菜花洗净，掰成一朵朵小花。

2 将玉米切成段，把洗净的彩椒和黄瓜切成片。

3 把准备好的蔬菜放入碗中，加入所需调料，抓拌均匀。

孜然粉　生抽　橄榄油

4 在空气炸锅里垫上硅油纸，把拌好的蔬菜放在里面摆匀。

5 把蔬菜放入空气炸锅，180℃烤制10分钟就好啦！中途记得翻面哟。

180℃ 10min

5分钟啦，翻一翻。

蔬菜烤着吃也很香呀！

有种肉的香味。

蒜蓉生菜

食材准备

生菜2棵，大蒜2瓣。

操作步骤

1 用清水把生菜叶洗净。

2 在生菜叶上淋2勺饮用水，盖上盖子，放入微波炉，用"高火"加热2分钟。

第 1 次加热

3 将切碎的蒜末和所需调料混合，搅拌均匀作为料汁。

4 控干生菜里面的水分，加入料汁，盖上盖子，放入微波炉，用"高火"加热1分钟。

第 2 次加热

熊小厨课堂

根据叶子的形态，生菜可以分为结球生菜、皱叶生菜和直立生菜，你能区分它们吗？

5 搅拌均匀，爽脆的蒜蓉生菜就做好啦！

茭白蔬菜煲

食材准备

圆白菜半棵，茭白2根，洋葱半个，
粉丝1小捆，千张1张，大蒜2瓣。

 ×1   ×1

 ×1   ×1

操作步骤

1 将千张切成菱形片。

①将千张叠成尺寸适中的矩形。

②把叠好的矩形千张切成大小一致的宽条。

③将所有宽条打开摆在一起。

④用刀将宽条斜着切开，就切成菱形片了。

2 剥开茭白的外皮，切掉较硬的部分。

3 把处理好的茭白切块，洋葱和圆白菜切片。

用刀把外皮划开，就好剥了。

44

4 用开水浸泡粉丝3分钟。

5 把切碎的大蒜、所需调料和5勺饮用水混合，搅拌均匀作为料汁。

生抽　蚝油　盐　糖

×5

6 把食材按下图顺序放入电饭煲内胆中，然后倒入料汁。

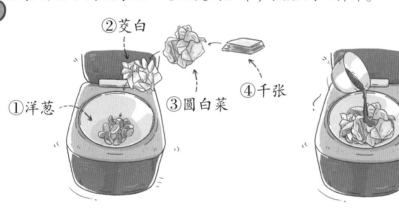

②茭白

③圆白菜

④千张

①洋葱

7 将内胆放回电饭煲，选择"煮饭"模式，加热20分钟，打开盖子，再加入粉丝，焖煮5分钟，就可以吃啦。

煮饭

熊小厨课堂

茭白是一种喜欢温性环境的水生蔬菜。新鲜的双季茭白一般在5月和10月左右上市，有机会的话，一定要尝尝呀！

蒜蓉茄子

食材准备

矮茄子1根，大蒜3瓣。

食用油 ×2　生抽 ×1　蚝油 ×1
糖 ×1　盐 ×0.5

操作步骤

1 把茄子洗净，用厨房纸擦干上面多余的水。

2 在干燥的茄子表面刷一层薄油，放入微波炉，用"高火"加热5分钟。

3 加热完的茄子表皮皱皱的，戳起来非常软。如果不够软的话，可以将茄子翻面，再继续加热2~3分钟。

茄子越大，加热时间越长。

4 将加热好的茄子从中间划开，用筷子把茄子扒开。然后在茄子瓤上轻划几刀，方便入味。

5 将1勺食用油加入切成末的大蒜中，放入微波炉，用"高火"加热2分钟。

6 把下图中的调料加入蒜油中，将其拌匀后浇在茄子上。

7 将加好调料的茄子放入微波炉，用"高火"加热8分钟，香喷喷的蒜蓉茄子就做好啦。

熊小厨课堂

茄子分为长茄子、圆茄子和矮茄子。长茄子吸油多，可以用来做蒜茄子、凉拌茄子；圆茄子吸油少，适合过油炒菜；矮茄子个头适中，茄肉又多，做蒜蓉茄子或炸茄盒最好吃了。

蒜蓉茄子用矮茄子才好吃！

我们送茄子来了！

 土豆泥

食材准备

大土豆2个，牛奶4勺。

 盐 ×2　　淀粉 ×1

 蚝油 ×1　　 黑胡椒 ×1

操作步骤

1 将洗干净的土豆削皮，切成大块，方便蒸熟。

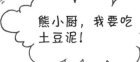

熊小厨，我要吃土豆泥！

2 在碗底淋上少许饮用水，把切好的土豆铺在上面，盖上盖子，放入微波炉，用"高火"加热8分钟。

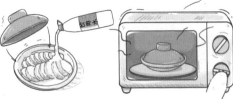

也可以用电饭煲把土豆蒸熟。

3 把牛奶和1小勺盐放入蒸好的土豆中，用叉子把土豆压碎。

土豆保留一点颗粒，口感会更好！

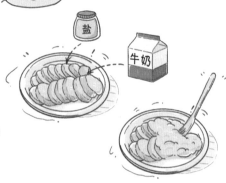

4 给空碗铺上保鲜膜，装满土豆泥，然后把碗扣到盘子上，就会得到一个土豆泥球。

5 把准备好的调料都倒入碗中，加入5勺饮用水搅拌开来，放进微波炉，用"高火"加热1分钟。

6 将加热好的小料搅拌均匀，淋在土豆泥上就可以了。

熊小厨课堂

我们吃的土豆其实是植物藏在土壤下面的块状茎，所以土豆表皮经常有很多泥土。土豆富含碳水化合物，是非常重要的粮食作物哟。

西红柿菜花

食材准备

西红柿1个，菜花半棵。

操作步骤

1 将容器里面的每一面都刷上食用油。

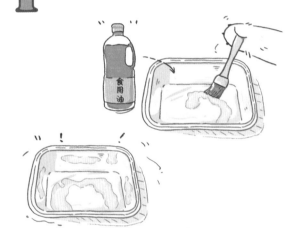

这样可以避免食物粘在容器上哟。

2 将西红柿切成丁，加适量白糖搅拌均匀，然后放入微波炉，用"高火"加热3分钟。

第 **1** 次加热

50

3 把洗净的菜花掰成小花。

我来帮你掰菜花！

4 把小朵的菜花放到加热好的西红柿里，加入剩下的调料，搅拌均匀后，放入微波炉，用"高火"加热8分钟。

生抽 蚝油

第**2**次加热

5 酸甜可口的西红柿菜花可以端上桌啦。

免疫力

熊小厨课堂

菜花学名花椰菜，富含多种维生素、蛋白质、碳水化合物和矿物质，非常有营养。菜花里维生素C的含量尤其高，适当补充维生素C可以提高免疫力，让我们少生病哟。

51

香菇油菜

香菇3个，油菜4棵，大蒜2瓣。

食用油 ×1　生抽 ×1　盐 ×1　蚝油 ×1

操作步骤

1 将洗净的香菇切片，油菜切成两段，分别用开水浸泡。然后将它们放入微波炉，用"高火"加热3分钟后捞出控干。

> 用刀背拍一拍油菜根，更方便入味。

第 ① 次加热

2 将大蒜切成末，放入盘中，淋上少许食用油，放进微波炉，用"高火"加热3分钟。

第 ② 次加热

3 把控干的香菇放进蒜油中，加入备好的调料，拌匀后放入微波炉，用"高火"加热3分钟。

4 将油菜控干后铺在香菇上面，放入微波炉，用"高火"加热4分钟。

第**3**次加热

第**4**次加热

5 把加热好的香菇和油菜拌匀，就可以开饭啦。

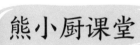

熊小厨课堂

蔬菜里有很多膳食纤维和矿物质，多吃蔬菜不仅可以补充维生素，还可以让我们的肠道更健康哟。

你天天只吃肉，营养会不均衡的！

都是蔬菜，不开心。

蒜蓉西蓝花

食材准备

西蓝花1棵,大蒜3瓣。

盐 ×1　糖 ×1

橄榄油 ×1　生抽 ×2　蚝油 ×1

操作步骤

1 用剪刀将西蓝花剪成小朵。

用手掰也可以哟。

2 把一朵朵西蓝花放入加了盐的清水中,浸泡5分钟。

这样可以去除西蓝花中的脏东西。

3 将大蒜切成大一点的颗粒。

4 把下图中所有的调料放入碗中搅拌均匀。

5 将控干水分的西蓝花装盘，把调好的料汁和蒜粒均匀地放在上面。

6 盖上盖子，放入微波炉，用"高火"加热4分钟。好了，大功告成啦。

西蓝花……是花吗？

我也不知道。

熊小厨课堂

　　我们平时吃的西蓝花是它的茎和蕾，是还没开花的西蓝花。仔细观察就会发现，西蓝花上的每一个小颗粒其实都是一个小花骨朵。成熟以后的西蓝花会开白色或者黄色的花。

香烤豆腐

食材准备

卤水豆腐1块，小葱1根。

橄榄油 ×0.5　生抽 ×2　蚝油 ×1

甜面酱 ×1　孜然粉 ×1

操作步骤

1 将豆腐切成1厘米的厚片，用刀在每片豆腐表面轻轻划3下，以便入味。

2 在每片豆腐的两面都刷上一层薄薄的橄榄油，然后把这些豆腐片铺开摆在盘子上。

小心，不要切碎哟。

3 将刷好油的豆腐放入微波炉，用"高火"加热3分钟后取出翻面，再继续加热3分钟。

正、反面各加热 **1** 次

4 等待的时候把剩下的调料都倒在一起，搅拌均匀。

5 在加热好的豆腐每面都刷上料汁。然后重复第3步，在"高火"模式下，将豆腐正、反面各加热2分钟。

6 将切碎的小葱撒在豆腐上，就可以端菜上桌啦。

正、反面各加热 **1** 次

熊小厨课堂

心急吃不了热豆腐！

　　豆腐是由豆浆凝固加工而成的。在豆浆里加入凝固剂，就会形成豆腐花。把它压实，排出水分，就变成了我们日常吃的豆腐。根据凝固剂的不同，豆腐又分为卤水豆腐、内酯豆腐等。

煮豆浆　→　加入凝固剂（大豆蛋白聚沉）　→　形成豆腐花　→　压成豆腐

醋熘豆芽

食材准备

黄豆芽 200 克，葱 1 小段。

×1   ×2

×1   ×2

操作步骤

1 择豆芽。

豆芽要一根根清理干净才可以。

①区分豆芽的头部和根部。

根部

头部

②去掉头部的黄豆表皮。

③揪掉根上的须子。

2 把择好的豆芽洗干净，控干水分备用。

3 将葱段切成葱丝，和所需调料一起放在豆芽上面。

58

4 放入微波炉，用"高火"加热3分钟，搅拌均匀就可以开吃啦。

熊小厨课堂

豆芽是用豆类做种子培育出的芽菜，常见的绿豆、黄豆等都可以培育豆芽，是我们自己在家就能培育的蔬菜哟。

①用清水将绿豆洗净，去掉漂在水面上的不饱满的豆子。

②将豆子放进干净无油的盆里，加入40℃~50℃温水泡一整夜。

③待绿豆膨胀起来就说明泡好了，将盆里的水控干，用潮湿的屉布盖住豆子。

 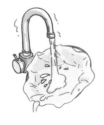 

④在屉布上放置重物，避光储存。

⑤每隔12小时，用清水隔着屉布冲一下豆子，千万不要搅拌它们。

⑥不到一周，豆子就会发芽了。豆芽的生长速度随温度的变化而变化，要随时观察哟。

手撕圆白菜

操作步骤

1 切掉圆白菜的根部，把菜叶撕成大小适中的片状。

2 将大蒜切片，姜片切丝。

3 给蒜片、姜丝、花椒淋上少许食用油，放进微波炉，用"高火"加热2分钟。

第①次加热

4 把热油倒在撕好的菜叶上，搅拌均匀，放入微波炉，用"高火"加热3分钟。

5 在加热好的圆白菜上加入下图中的调料，放入微波炉，用"高火"加热2分钟。

第 **2** 次加热

第 **3** 次加热

6 翻拌均匀，酸爽可口的手撕圆白菜就做好啦。

熊小厨课堂

圆白菜学名结球甘蓝，卷心菜、包菜、洋白菜或大头菜都是人们对它的"昵称"。

白灼菜心

食材准备

菜心半斤，大蒜 4 瓣，葱白 1 小段。

食用油 ×3　　生抽 ×1　　蚝油 ×1

盐 ×2

操作步骤

1 将菜心洗净放入容器，加入1小勺盐和1勺食用油。

2 倒入开水，直到水没过菜心，然后盖上盖子，放入微波炉，用"高火"加热5分钟。

3 把熟透的菜心捞出控水，摆在盘子里。

如果菜心太大，可以多加热一会儿。

4 把切碎的大蒜、葱和调料混合，搅拌均匀后放入微波炉，用"高火"加热1分钟。

5 把加热好的调料均匀地淋在菜心上，白灼菜心就做好了。

熊小厨课堂

白灼是粤菜的烹饪手法之一，通常指用滚烫的汤汁和水将食物烫熟，以保留食材本身的鲜味。新鲜的蔬菜、海鲜等食物都非常适合用白灼的方法制作哟。

菜心是不是就是空心菜啊？

区别

VS

空心菜，顾名思义，它的茎是空的；而菜心的茎是实心的。另外，空心菜比菜心体形长，更适合爆炒。

茄汁西葫芦

食材准备

西葫芦1根，西红柿1个，
大蒜2瓣，小葱1根。

操作步骤

1 将西红柿切成小块，大蒜切
片，葱切成小段。

2 将西红柿、大蒜和葱放入碗
中，加入蚝油和少量饮用水，
搅拌均匀。

3 把拌好的西红柿放入微波炉，用"中火"加热3分钟。

第①次加热

4 把洗净的西葫芦去掉头尾后切成两半，去掉中间的瓤，再将其切成小片。

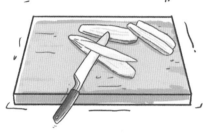

5 把切好的西葫芦和加热后的西红柿放到一起，拌匀，加入图中调料，盖上盖子后放入微波炉，用"中火"加热8分钟。

第**2**次加热

6 等熟透后盛到盘子里，酸甜下饭的茄汁西葫芦就做好啦！

西葫芦里吸饱了西红柿的汤汁，味道变得非常丰富。

鸡蛋羹

食材准备

鸡蛋2个。

盐 ×1　香油 ×1　生抽 ×1

操作步骤

1 将鸡蛋打入容器中，加入盐。

2 用筷子把鸡蛋和盐搅散。

也可以用打蛋器哟。

3 在蛋液中加入适量温水搅匀，水量最好是蛋液的1.5倍。

4 用勺子撇掉蛋液上的浮沫，让口感更顺滑。

5 将搅匀的蛋液盖上盖子，放入微波炉，用"微火"加热9分钟。盖子要留出缝隙透气。等鸡蛋羹熟透后取出，加入香油和生抽即可。

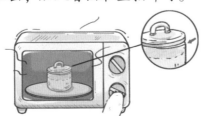

鸡蛋加热时间不同，口感也不一样，可以根据自己的喜好调节。还可以在做好的鸡蛋羹里添加葱花哟。

菠菜鸡蛋杯

食材准备

鸡蛋2个，菠菜1棵，火腿肠半根。

 盐 ×1   黑胡椒 ×1

操作步骤

1 将菠菜洗净切碎，火腿肠切丁。

2 把鸡蛋打入碗中，搅散。

3 将菠菜碎和火腿肠倒入蛋液中，加入所需调料，搅拌均匀。

4 把碗盖上盖子放入微波炉，用"高火"加热4分钟。

据说菠菜可是"营养大师"。

那我吃了是不是就能长得和你一样高了？

韭菜炒鸡蛋

鸡蛋3个，韭菜1把。

盐 ×1　食用油 ×1　生抽 ×2　蚝油 ×0.5

操作步骤

把韭菜择干净。

- -

①挑出韭菜中的黄叶和杂草。

②把韭菜根部不能吃的小叶揪掉。

- -

2 把择好的韭菜洗净，切成长短一致的小段。

3 将鸡蛋打入碗中，加盐搅匀。

4 在容器中刷一层薄油，倒入搅散的鸡蛋后送进微波炉，用"高火"加热2分钟。

第**1**次加热

5 用筷子把加热好的鸡蛋夹成小块，放入韭菜段、生抽和蚝油搅拌均匀。

6 拌好后放入微波炉，用"高火"加热3分钟，就完成啦。

第**2**次加热

熊小厨课堂

　　韭菜是一种很常见的蔬菜，它的适应性很强。韭菜的生长速度很快，一株韭菜一年可以收割5~7次，在离地面3厘米左右的地方把韭菜割掉，下一茬韭菜很快就会长起来。

西红柿炒鸡蛋

食材准备

鸡蛋2个，西红柿1个，小葱1根。

 ×2 ×2 ×2

操作步骤

1 把西红柿切块，放进微波炉，用"高火"加热2分钟。

2 把鸡蛋打入碗中，加入1小勺盐搅散，倒入刷过油的容器中，放进微波炉，用"高火"加热2分钟。

第**1**次加热

3 用筷子把加热后的鸡蛋夹成小块，然后加入西红柿和切好的葱花。

4 加入1小勺盐和1小勺糖，搅拌均匀。

5 把拌匀的西红柿鸡蛋放入微波炉，用"高火"加热2分钟。搅拌一下就可以开吃啦。

第 2 次加热

71

豆腐丸子

卤水豆腐1块，西蓝花半棵，
胡萝卜半根，鸡蛋1个。

香油 ×1　　生抽 ×0.5

面粉 ×2　　黑胡椒 ×1　　盐 ×1

操作步骤

1 把洗干净的西蓝花和胡萝卜切碎。

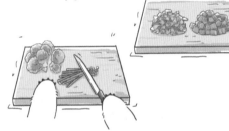

2 将豆腐放在碗里捏碎，加入蔬菜碎和鸡蛋。

3 把除盐以外的所有调料和面粉倒在豆腐上，用手抓拌均匀。

4 在豆腐里加盐搅拌一下，就可以用手把豆腐捏成丸子，摆在烤盘上了。

记得垫硅油纸哟。

5 把丸子送入预热好的烤箱中，将上下火都调成190℃，烤制20分钟。

好香啊，我在豆腐里吃出了肉味！

烤鸡翅

食材准备

鸡翅 4 个，大蒜 2 瓣。

老抽 ×0.5　生抽 ×2　料酒 ×2
蚝油 ×1　胡椒 ×1

操作步骤

1 将鸡翅用清水浸泡20分钟，控干水分备用。

2 在鸡翅两面各划3刀以便入味，把蒜切碎。

3 将调料淋在鸡翅上，放入蒜末，搅拌均匀，腌制30分钟。

拌！

4 将空气炸锅调至180℃预热5分钟。

180℃ 5min

5 把腌好的鸡翅整齐地摆在空气炸锅里，调至180℃烤制20分钟，到10分钟的时候记得翻一次面哟。烤好后盛出来就可以吃了。

红烧牛肉

食材准备

牛肉1斤，大蒜4瓣，姜3片，
大料1个，桂皮1块，香叶2片。

蚝油 ×1　生抽 ×2

料酒 ×1　糖 ×1　盐 ×2

操作步骤

1 将1小勺盐撒在清水里溶解，把切好的牛肉块放到盐水里浸泡30分钟。

2 把泡出血水的牛肉洗净控干后，放入电饭煲内胆中，然后加入姜、蒜和调料，拌匀后腌制1小时。

大蒜要切片哟。

3 放入大料、桂皮、香叶和300毫升饮用水。

4 把内胆放回电饭煲，重复3次"煮饭"模式，就完成啦。

煮饭×3！

红烧牛肉无论是用来拌面还是盖饭，都非常好吃！

74

 # 糖醋排骨

排骨 1.5 斤，姜 5 片，葱白 1 段。

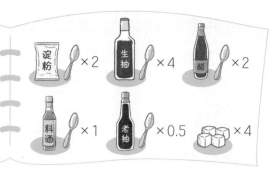

淀粉 ×2　生抽 ×4　醋 ×2
料酒 ×1　老抽 ×0.5　×4

操作步骤

1 把排骨放入淀粉水内浸泡30分钟，泡出血水。

2 用清水把排骨冲洗干净，放入电饭煲内胆中。

3 将葱白切成片，和姜片一起放到排骨上。

4 将下图中所有调料放入电饭煲内胆中，翻拌均匀。

5 把内胆放回电饭煲中，选择"煮饭"模式，等熟透后就可以装盘啦。

干煸四季豆

四季豆 250 克，肉馅儿 50 克，
大蒜 4 瓣，姜 1 片，花椒 1 小把。

 ×3　　 ×1

操作步骤

1 将蒜、姜切碎，四季豆切成长短一致的小段。

2 在花椒中加入食用油，盖上盖子放入微波炉，用"高火"加热1分钟。

3 把准备好的食材全部放入盘子，加入花椒油和蚝油，搅拌均匀。

4 选择一个适合微波炉使用的沥水容器，把拌匀的四季豆倒在里面。

有沥水饭盒就更好了。

在微波炉蒸屉下垫一个盘子，就是一个简易的沥水容器。

5 给容器盖上盖子，放入微波炉，用"高火"加热9分钟。

6 将加热好的四季豆控干水分，就可以摆盘享用啦。

熊小厨课堂

干煸是一种常见的烹饪方法，其中最重要的步骤就是去掉食材中的水分，这样做出来的菜肴才能干香、酥脆。土豆、杏鲍菇、茶树菇甚至肉丝都是非常适合干煸的食物。

叉烧鸡胸肉

鸡胸肉一块，姜 2 片，大蒜 4 瓣。

生抽 ×2　蚝油 ×2　蜂蜜 ×1

操作步骤

1 将鸡胸肉放在案板上铺平，在肉厚的部位用刀划几下。

2 把鸡胸肉卷起来，一定要卷结实，并用牙签将其固定。

我卷！

用牙签戳洞能方便入味。

3 将姜、蒜切成末，加入适量水，和所需调料一起搅拌均匀。

4 把鸡胸肉卷放入酱汁内，并将酱汁淋到鸡肉表面。

5 把鸡胸肉放入微波炉，用"中火"加热6分钟。

第 **1** 次加热

7 取出鸡胸肉，用牙签戳一下，如果有汁液流出，就说明鸡肉熟了。

8 把熟了的鸡肉卷切成片，就可以开吃啦。

6 将鸡胸肉取出翻面，淋上一些酱汁，再放回微波炉，用"中火"再次加热6分钟。

第 **2** 次加热

小狐狸喜欢吃味道浓郁的，可以把带着酱汁的鸡胸肉卷放在冰箱里冷藏一会儿再送给它。

熊小厨课堂

鸡胸肉蛋白质含量高，容易被人体吸收，有增强抵抗力、强身健体的作用。

鱼香肉丝

食材准备

猪腿肉 180 克，泡发的木耳 40 克，胡萝卜半根，大蒜 2 瓣，莴笋半根，小葱 1 根。

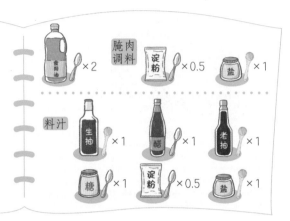

腌肉调料：食用油 ×2，淀粉 ×0.5，盐 ×1

料汁：生抽 ×1，醋 ×1，老抽 ×1，糖 ×1，淀粉 ×0.5，盐 ×1

操作步骤

1 将以下食材洗干净，切成丝。

切！

2 把肉丝放到容器里，加入腌肉调料、半勺食用油和1勺饮用水，搅拌均匀腌制10分钟。

3 将切成末的大蒜和剩下的食用油混合，放入微波炉，用"高火"加热30秒。

哇，有蒜香味！

4 把腌制好的肉丝放到热油里搅匀，放入微波炉，用"高火"加热5分钟。记得中途拿出来翻一下哟。

拌！

5 将料汁所需的调料混合，再额外加1勺饮用水，搅拌均匀。

老抽　生抽　醋　糖
盐　淀粉

6 把蔬菜丝和料汁都放到加热好的肉上面，搅拌一下放回微波炉，用"高火"加热2分钟。

搅拌！

7 撒上葱花装饰一下，就可以开饭啦。

太香了！有这道菜我可以吃两碗饭！

红焖虾

食材准备

新鲜的大虾半斤，大蒜2瓣。

蚝油 ×1

生抽 ×1

醋 ×1

料酒 ×1

蜂蜜 ×1

操作步骤

1 将虾脑里面不能吃的部分和虾线清理干净。

①一手捏住虾身，一手捏住虾尾。

②两只手同时往下掰，虾脑就出来了。

③轻轻拉出虾脑，虾线也会被一起拽出。

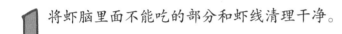

2 用剪刀剪掉虾足。

3 从大虾尾部开始，用剪刀沿着大虾的背部把虾壳剪开，给大虾开背。

4 将处理好的大虾洗净、控干水分，放入容器里。

5 将大蒜切成末，和所需调料一起搅拌均匀，淋在大虾上。

料酒　醋　生抽　蚝油　蜂蜜

6 给容器盖上盖子放入微波炉，用"高火"加热2分钟。

7 将加热好的大虾取出搅拌、翻面，放入微波炉，用"高火"再加热3分钟，就可以了。

第**1**次加热

搅拌！

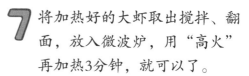

虾脑和虾线容易聚积有害物质，吃之前一定要清理干净。

熊小厨课堂

第**2**次加热

虾含有丰富的蛋白质、钙和镁等矿物质，营养又美味。镁元素不仅可以调节心脏功能、保护我们的心血管系统，还能减少血液中的胆固醇含量哟。

宫保鸡丁

食材准备

鸡胸肉 250 克，花生 1 小把，
青椒半个，红椒半个，胡萝卜 1 根，
葱白 1 小段，大蒜 3 瓣，姜 1 片。

腌肉调料

老抽 ×0.5　食用油 ×1　料酒 ×0.5

鸡蛋清 1 个　盐 ×1　淀粉 ×1

做菜调料

牛抽 ×2　醋 ×1　食用油 ×2

糖 ×1　淀粉 ×1

操作步骤

1 将鸡肉切成丁，青椒、红椒和胡萝卜切成小块。

2 在鸡丁里加入腌肉调料，搅拌均匀后腌制 20 分钟。

搅拌！

3 把 1 小勺食用油淋在花生上拌匀，放进微波炉用"高火"加热 2 分钟。

第 **1** 次加热

4 将大蒜切成末，浇上 1 勺食用油，盖上盖子，放入微波炉，用"高火"加热 1 分钟。

第 **2** 次加热

84

5 将腌制好的鸡丁放到蒜油上，放回微波炉，用"高火"加热3分钟。

第**3**次加热

6 将葱、姜切碎，和剩下的做菜调料、4勺饮用水一起拌匀，作为酱汁备用。

7 把酱汁、青椒块、红椒块和加热好的鸡肉拌匀，放进微波炉，用"高火"再加热3分钟。

搅拌！

第**4**次加热

8 拿出来后，加入胡萝卜丁和花生，放进微波炉，用"高火"加热2分钟，就做好了。

第**5**次加热

有菜又有肉，健康又美味！

清蒸鲈鱼

处理好鱼鳞和内脏的鲈鱼1条，姜8片，葱1根。

盐 ×2　料酒 ×2　胡椒 ×2

食用油 ×3　蒸鱼豉油 ×4

操作步骤

1 用刀在鲈鱼两侧各划3刀，方便入味。

2 将盐、胡椒粉和料酒均匀地涂抹在鱼的身体两侧。

3 将葱切碎，取出一半和4片姜一起铺在容器底部。

4 将鱼放入容器内，把剩下的葱碎和姜片放在鱼身上，盖上盖子腌制10分钟。

盖好。

5 倒掉鲈鱼腌出来的汁水，再往鱼身上淋一点点饮用水，然后盖上盖子送入微波炉，用"高火"加热6分钟。

6 取出鲈鱼，倒出里面多余的汁水。

7 把食用油和蒸鱼豉油倒入干净的小碗中，盖上盖子，放入微波炉，用"中火"加热30秒。

熊小厨课堂

　　清蒸是一种利用水蒸气的热力使食物蒸熟的烹饪方法，这样做不仅可以保留食物原本的味道，还非常营养、健康。使用清蒸的方法制作菜肴时，要确保食材新鲜哟。

8 将剩下的葱叶切丝，摆在鲈鱼上，然后将加热好的料汁淋在上面，就大功告成啦。

小心烫手！

87

萝卜烧牛肉

牛肉1斤，小一点的白萝卜1根，
冰糖2块，香菜1根，大料半颗，
香叶1片，姜2片。

操作步骤

1 把切好的牛肉块放到盐水里浸泡30分钟。

2 将泡好的牛肉控水，用干净的厨房纸吸掉多余的水分。

用盐水浸泡，可以去掉肉里的血水。

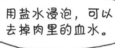

3 将下图中所有调料都放到牛肉上，然后加水，让水没过食材。

4 给容器盖上盖子，送入微波炉，用"高火"加热30分钟。

要炖好久哟。

第 1 次加热

5 将洗干净的白萝卜去头去尾，切成块。

6 把萝卜块放入加热好的牛肉中，搅拌均匀，放回微波炉，用"高火"加热20分钟。

7 上桌前可以放一些香菜点缀。

第 2 次加热

熊小厨课堂

嘻嘻！

白萝卜具有促进消化、止咳化痰的功效，不仅可以炖菜做汤，还可以生吃哟！

胡萝卜炒肉

食材准备

猪肉1小块，胡萝卜1根，葱半根，姜1片，大蒜3瓣。

腌肉调料

食用油 ×1.5　老抽 ×0.5　淀粉 ×1　盐 ×1　胡椒 ×1

做菜调料

生抽 ×2　蚝油 ×1

操作步骤

1 将大葱切成段，和姜片一起放入开水中烫熟后，晾凉备用。

2 将猪肉切成肉丝，加入腌肉调料和葱姜水一起搅拌均匀。

3 将大蒜切成末，浇上适量食用油，放入微波炉，用"高火"加热30秒，制作蒜油。

第**1**次加热

90

4 把腌好的肉丝放到热油里搅拌均匀，再放回微波炉，用"高火"加热3分钟。

第**2**次加热

5 将胡萝卜去皮，切丝。

要小心手哟。

6 将胡萝卜丝和加热后的肉丝放到一起，加入做菜调料，搅拌均匀，盖上盖子，放入微波炉，用"高火"加热5分钟。香喷喷的胡萝卜炒肉就出锅啦！

生抽 蚝油

第**3**次加热

熊小厨课堂

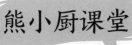

胡萝卜中含有丰富的维生素A，这对人体维持正常的代谢来说非常重要。缺乏维生素A会降低我们的免疫力，会导致视力下降，严重的甚至会患上夜盲症。

黄焖鸡

鸡腿2个，青椒半个，土豆1个，
干香菇8个，大蒜3瓣，姜2片。

黄豆酱 ×1
蚝油 ×0.5
生抽 ×2
料酒 ×1
盐 ×1

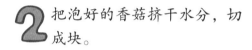

操作步骤

1 将干香菇洗净，用温水浸泡10
分钟，把香菇泡发。

2 把泡好的香菇挤干水分，切
成块。

3 将土豆削皮，把土豆和鸡腿切
成块，青椒切成片。

4 将鸡块和所需调料混合，抓
拌均匀。

料酒 生抽 蚝油 盐 黄豆酱

92

5 将切成片的大蒜和姜片铺在电饭煲内胆里，然后依次放入鸡块、香菇和土豆。

6 把1碗清水倒入电饭煲内，选择"焖煮"模式煮25分钟。

25min

焖煮

7 在程序结束前5分钟，开盖加入青椒，再继续焖煮。

5min

干香菇可是这道菜的灵魂！

8 焖煮程序结束，黄焖鸡就可以出锅啦！

红焖羊排

食材准备

新鲜的羊排1斤，白萝卜1根，大葱1根，姜4片，大蒜6瓣。

黄豆酱 ×2　老抽 ×1　盐 ×1
生抽 ×2　料酒 ×1　食用油 ×2

操作步骤

1 将处理好的羊排洗净，用厨房纸擦干多余的水分。

2 将大蒜拍烂，葱切成段。

买处理好的羊排就不用自己切啦。

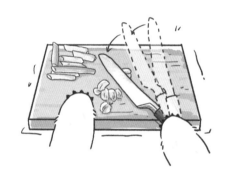

3 把除食用油以外的调料混合在一起，搅拌均匀。

4 在电饭煲内胆里依次加入食用油、葱、姜、蒜和羊排，最后淋上调料汁。

5 加清水没过羊排，选择"焖煮"模式煮60分钟。

60min

焖煮

6 把萝卜洗净削皮，切成大块。

7 在焖煮程序结束前20分钟，打开电饭煲，倒入萝卜继续焖煮。

20min

8 焖煮程序结束，羊排就做好啦。吃之前，我们还可以撒一点葱花。

新鲜的羊排不用焯水就可以冷水下锅哟。

虾仁滑蛋

食材准备

虾仁半斤，鸡蛋2个，小葱1根。

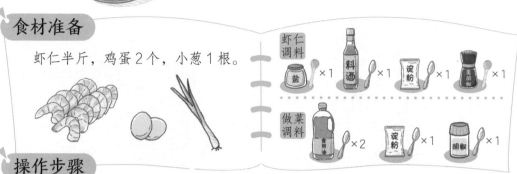

虾仁调料：盐 ×1　料酒 ×1　淀粉 ×1　黑胡椒 ×1

做菜调料：食用油 ×2　淀粉 ×1　胡椒 ×1

操作步骤

1 在虾仁中加入半勺盐，腌制10分钟，然后用清水洗净控干。

2 在虾仁中加入剩余虾仁调料以及1个鸡蛋清，拌匀。

搅拌！

3 在拌匀的虾仁中倒入开水，放入微波炉，用"高火"加热1分钟。

4 把剩下的蛋黄和鸡蛋搅散，加入适量胡椒粉和半勺盐，拌匀。

5 用淀粉和少量清水混合成淀粉水。把切碎的小葱、淀粉水和虾仁倒入蛋液中，搅拌均匀。

6 将食用油倒入容器中，放进微波炉，用"高火"加热2分钟。

7 把虾仁蛋液倒进热油，放回微波炉，用"高火"加热30秒。

8 将菜品取出翻拌，放回微波炉，用"高火"继续加热30秒。

9 重复第8步，直到鸡蛋熟成凝固状就可以吃了。

短时重复加热，可以让这道菜保持爽滑鲜嫩的口感。

娃娃菜肉卷

食材准备

娃娃菜 2 棵，肉馅儿 150 克，
胡萝卜半根，香菇 2 个，大蒜 4 瓣。

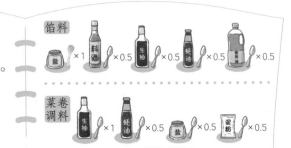

馅料　盐 ×1　料酒 ×0.5　生抽 ×0.5　蚝油 ×0.5　食用油 ×0.5

菜卷调料　生抽 ×1　蚝油 ×0.5　盐 ×0.5　淀粉 ×0.5

操作步骤

1 将香菇和胡萝卜洗净，切碎。

也可以用料理机把它们打碎，一定要注意安全哟。

2 把蔬菜碎和馅料加到肉馅儿里，搅拌均匀。

搅拌！

要沿着一个方向搅拌哟。

3 将洗净的娃娃菜掰开摆入碗中，加开水，让水没过娃娃菜叶，放入微波炉，用"高火"加热2分钟，然后把娃娃菜捞出控水。

4 用娃娃菜叶把拌好的肉馅儿卷起来，每个肉卷里的肉馅儿不要过多，以免露馅儿。

① ② ③

5 在盘子底部加入少量饮用水，把包好的肉卷摆在盘子里，然后盖上盖子，送入微波炉，用"高火"加热6分钟。

6 把大蒜切碎，加入适量饮用水，与菜卷调料混合拌匀，放入微波炉，用"高火"加热2分钟。

熊小厨课堂

肉馅儿要沿着同一个方向搅拌，这样可以加强肉馅儿中蛋白质的凝胶作用，从而使肉馅儿饱满成团，不松散。

7 把加热好的菜卷调料淋在肉卷上，娃娃菜肉卷就做好了。

孜然羊肉

羊腿肉 500 克，洋葱半个，
大蒜 6 瓣。

生抽 ×2　料酒 ×1　孜然粉 ×3

盐 ×2　孜然粒 ×2

操作步骤

1 将羊肉切成小块，和除孜然粒
以外的调料混合，拌匀。

生抽　料酒　孜然粉　盐

拌!

2 用保鲜膜把羊肉密封，放进
冰箱冷藏2小时。

3 将大蒜剥皮，但不要切。将
洋葱切成片。

4 将烤箱上下火调到230℃，预
热10分钟，预热的同时在烤盘
里铺上锡纸。锡纸四边可以折
高一点，防止后期汤汁溢出。

230℃
10min

5 把腌好的羊肉平铺在锡纸上，放入预热好的烤箱中，将上下火都调到230℃，烤制20分钟。

6 烤制5分钟后暂停一下，取出烤盘，将肉翻面，把洋葱平铺在羊肉上，大蒜放在洋葱上面，然后放回烤箱，继续烤制。

7 烤制程序结束后，洋葱软烂了，就说明烤好了，反之可以根据情况再继续烤制5~10分钟。

8 把孜然粒撒在烤好的羊肉上，香喷喷的孜然羊肉就做好啦。

熊小厨课堂

孜然原产于中亚地区，是一种气味芳香浓烈的调料。用孜然烹调羊肉，不仅可以去除羊肉的油腻感，还可以提升它的香味。

太香了！

银耳莲子羹

食材准备

银耳1朵，百合1小把，莲子1把，
枸杞1小把，红枣5个。

×1　　×3

操作步骤

1 把银耳根部朝上放入碗中，加入1小勺食盐。加清水，让水没过银耳，浸泡15分钟。

2 将泡发的银耳撕成小块，洗净后挤干里面的水分。

洗银耳的时候加一些面粉，这样更容易吸走上面的脏东西哟。

3 用开水将莲子和百合泡发，再用清水将其洗净。

4 将洗净的红枣对半切开，去掉枣核。

5 将所有食材和冰糖都放到容器中，加入8成满的饮用水，盖上盖子，放入微波炉，用"高火"加热15分钟就可以了。

燕麦曲奇

食材准备

燕麦 100 克，鸡蛋 1 个，牛奶 50 克。

糖 ×5克

黑芝麻 ×1小把

操作步骤

1 把鸡蛋打在燕麦中，加入牛奶和白糖。

2 将所有材料抓拌匀，直到黏成一团。将燕麦团分成一个个20克左右的小团，然后揉成球，要揉圆搓紧。

揉！

要捏紧一点。

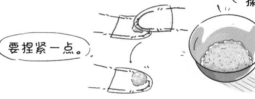

3 把燕麦球均匀地摆在放好硅油纸的烤盘上。

4 用叉子把燕麦球按扁一些，再在上面撒上几粒黑芝麻。

5 把烤盘放入预热好的烤箱中，将上下火调成160℃烤制30分钟就可以啦。

160℃ 30min

燕麦很容易让人产生饱腹感，可以替代主食哟。

苏打饼干

低筋面粉 125 克，牛奶 50 克。

 ×28克   ×2克

 ×2克   ×2克

操作步骤

1 在牛奶中加入植物油、盐和酵母，搅拌均匀。

2 把面粉和小苏打倒入拌好的牛奶中，将其揉成紧实的面团。

3 用擀面杖将面团擀薄，越薄越好。

我擀！

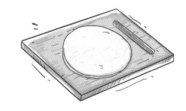

4 把面饼切成一个个小方块，分散地摆在垫有硅油纸的烤盘上。

5 把烤箱调到150℃，预热10分钟。预热的同时用叉子给饼干戳一些小洞，让它容易被烤熟。

熊小厨课堂

面粉是由小麦磨制而成的，根据里面蛋白质含量的多少，分为高筋、中筋和低筋面粉。每种面粉适合制作的食物不同，要注意区分。

面粉类型	蛋白质含量	用途
高筋面粉	13.5%左右	制作油条、面筋
中筋面粉	10%左右	制作包子、馒头
低筋面粉	8%左右	制作蛋糕、饼干

6 将饼干送入预热好的烤箱中，把上下火调到150℃烤制15分钟，苏打饼干就做好啦。

烤红薯片

食材准备

红薯2个，鸡蛋2个。

 ×2   ×1

操作步骤

1 把洗净的红薯削皮，切成厚片。

2 把淀粉加进打好的鸡蛋中，将其搅拌得像酸奶一样黏稠。

3 在蛋液中加入白糖拌匀。然后将蛋液和红薯片混合，让每一片红薯都被蛋液包裹均匀。

4 把烤箱调到190℃，预热10分钟。预热的同时在烤盘里放上硅油纸，把红薯片均匀地摆在上面。

5 把红薯片放入预热好的烤箱中，把上下火调到190℃，烤制25分钟，就完成了。

芝麻薄脆

食材准备

糯米粉 150 克。

糯米粉

植物油 ×60 克

糖 ×60 克

黑芝麻 ×70 克

操作步骤

1 将白糖和饮用水混合，拌匀。

2 在糖水里面依次加入植物油和糯米粉，搅拌至光滑、黏稠，没有明显颗粒。

3 加入芝麻，搅拌均匀。

4 用勺子将拌好的面糊一团团地倒在铺好硅油纸的烤盘上。

5 将烤箱调到170℃，预热10分钟。在烤制前可以把烤盘在桌子上轻轻地颠几下，让面糊变得更薄更圆。

6 把烤盘放入预热好的烤箱中，将上下火调到170℃，烤制20分钟。烤好的薄脆是金黄色的哟。

炸薯条

食材准备

椭圆形土豆 3 个。

 ×1

 ×2

操作步骤

1 先将土豆去皮切成厚片，再把厚片切成较粗的土豆条。

2 先把土豆条放在凉水中泡10分钟，洗掉多余的淀粉，再把它放在开水中泡2分钟，最后捞出控干水分。

3 将土豆条平铺在空气炸锅中，刷上一层薄油，调到170℃，加热20分钟。

4 第1次加热结束后，将土豆条翻面，再调到200℃，继续加热10分钟。

5 将炸好的薯条加盐拌匀，就可以开吃啦。

薯条自己做，好吃又健康。

美食实拍图

苹果热橙汁

凉拌黄瓜

即食三明治

赤小豆薏米粥

窝蛋肥牛饭

玉米排骨汤

手撕圆白菜

西红柿炒鸡蛋

红烧牛肉

糖醋排骨

孜然羊肉

炸薯条